U0032691

給社會新鮮人的10封信

嚴長壽◎等著
聯合報編輯部◎企劃

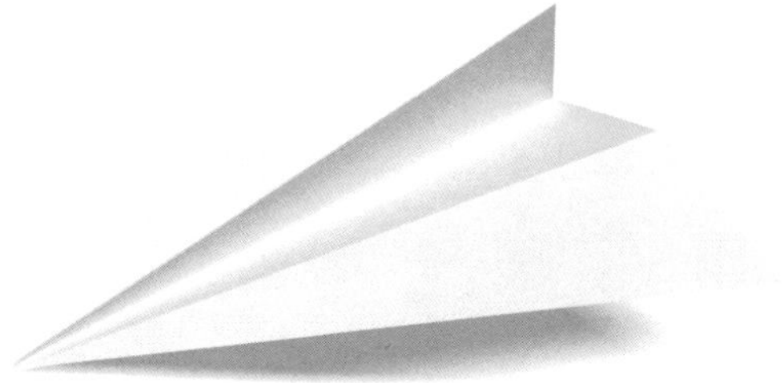

嚴長壽 ● 亞都麗緻總裁
宣明智 ● 聯電榮譽副董事長
彭宗平 ● 元智大學校長
柯文哲 ● 台大醫院外科部加護病房主任
陳美伶 ● 行政院副秘書長
羅聯福 ● 中國信託商銀董事長
宋耀明 ● 理律法律事務所資深律師
紀惠容 ● 勵馨基金會執行長
管國霖 ● 花旗銀行消費金融台灣區總經理
徐莉玲 ● 學學文化創意基金會董事長

前言

隨著驪歌高唱，當方帽子拋向空中，人生求學的階段也就告一段落；學子步出校門，開始面對競爭激烈的眞實人生。你，準備好了嗎？

在全球化浪潮下，這世代的年輕人面臨父執輩不曾面對的挑戰。專家早就告訴你：

——工作機會正在流失。台灣年輕人面對的工作競爭，不只是台大、清大畢業生，而是北大、甚至印度的高材生；

——高學歷不再是就業保證書。當大學錄取率幾已達百分百，「大學畢業」已經不稀奇，「研究所碩士」成了普遍的就業資格；

——畢業即失業。大學生失業率屢創新高；

——職場起薪停滯。什麼都漲，就是薪水不漲，唉……

看來情勢的確嚴峻，但前景與機會卻也是前人從未想像過的開闊。在廿一世紀全新的就業世界裡，更多是靠著創意與知識爲自己打造全新舞台的年輕世代，享有上一世紀人不曾想像過的機會。

所以，問題仍是：你，準備好了嗎？

《聯合報》爲年輕讀者加強「就業裝備」，於是有了「給社會新鮮人的10封信」。邀請十位不同工作領域的領導者，提供他們當年的「菜鳥經驗」、各行業的工作要求與甘苦，讓面臨職場抉擇的社會新鮮人認識自己、認識工作，提升學校裡學不到的「就業力」。

在十位社會菁英中，看到他們不爲人知的年輕青澀與徬徨；也看到他們面對挫折的勇氣（啊，想像聯電榮譽副董事長宣明智當年創業大賠，和朋友坐在路邊抽籤決定命運的那個場景……），這些經驗與忠告，既誠懇又寶貴。

在十封信中，我們也看見他們的共通特質：努力地裝備自己（學外文、像海綿般學習專業新知）、縮小自己（包容工作的繁瑣、當成蹲馬步練基本功）、不怕挫折（遞出的名片，沒有人要收下）、建立人脈（師長、同學、同事都是你的貴人）。

這些特質，不論身處任何行業，都是行遍江湖必備的基本功夫。

在資訊充斥、眾聲喧嘩的媒體世代，《聯合報》重視讀者的需要，誠心貼近讀者的需求，提供他們需要的人生解答；閱讀別人的經驗，也給職場前輩重新定位、再次出發的勇氣。

祝福讀者都在閱讀中找到自己需要的養分與文字樂趣。

聯合報編輯部

目次

熱忱激發能量 你快樂 他感動

全心全意投入的熱忱，
才是決定你成敗的關鍵。

記者 吳雨潔記錄
攝影 王忠明

〉服務業

嚴長壽（亞都麗緻總裁）

年　資　40年

這行迷人處　與人接觸，能創造立即的感動

這行的壞處　待遇不高

關鍵能力　熱忱，觀察細微、體貼、主動了解客人的需求

有何準備　認識自己，找到自己個性與技術上的優勢

親愛的社會新鮮人：

不管你想從事什麼行業，我都希望你能保持足夠的「熱忱」。現在我已很少親自面試員工，但如果今天由我面試，我挑人最基本的條件就是「熱忱」。至於學、經歷，那只是個參考。

面試挑人　最重熱忱

我面試時，會一直丟出不同的問題，再從他的回答中，了解他做事的判斷方法與過去的經驗。我覺得面試只是第一階段，挑選到適合者的成功率只有百分之卅。大部分的人面試，都會想辦法讓你看到他最好的一面，如果連表現優點都做不到，我想他應該也不適合服務業。

比較重要的是第二階段：試用期，看他耐心到了一定程度後的態度。服務業很辛苦，直接考驗是體力上的勞累。你可能必須站一整天，或遇到每個人都問你相同的問題。如果你只看到光鮮亮麗的外表，以為在大飯店上班，可以每天穿著漂亮的制服，我想，你應該在這行業待不久。

耐心體力　還要敏銳

這些年來，我發現有些看起來很漂亮、外貌理想的人，進入服務業後，隱藏的嬌貴面就跑出來了。接待第一個、第二個客人時一切ＯＫ，但等到第兩百個客人，他就沒耐心了。你要知道，服務業需要「耐力」：「耐」心與體「力」。

餐飲服務業分內、外場。外場人員重視第一眼讓人看到的形象，一種說服的能力、主動接觸的能力。

如果你想進入服務業，我覺得你必須要擁有「觀察細微、體貼、主動了解客人的需求」等條件。而內場的廚師則需要「感官敏銳」，包括味覺、聽覺、嗅覺等，讓自己像個藝術家般敏銳。

服務業最大的魅力是與人接觸，你能夠立即感受到對方的回應。當你做對了，馬上就讓客人感動；當然，也包括做錯事，馬上被罵的回應啦。

缺點是從業人員的待遇不夠理想，假設大家對飲食、住宿環境願意付更合理的價錢，就能讓這行的待遇更好。

認識自己　發揮優勢

話說回來，對正要找工作的你，我最大的建議是：你必須先認識自己，了解自己的個性傾向與技術上的優勢，再去找工作。個性很重要，若勉強自己逆勢操作，會很辛苦。假設你是個挑剔的人，就去做品管、監察官；要是做管理，相信員工都受不了。

我想與你分享一個自己的小故事。高中時，我功課不好，但我辦很多活動，又是樂隊的指揮。樂團沒有教官帶領，我就當起同學的老闆，帶他們排練、比賽。這件事讓我有很大的成就感。我對朋友說：「以後誰用到我，就是誰的福氣。」因爲我知道，我那無可救藥的熱忱與責任心，會幫助我踏上成功之路。即使是現在，體力衰退了一點，但熱忱始終沒有消退。

小節用心　成敗關鍵

所以，工作的動力與價值就是你的熱忱。當你對細小的工作環節，能抱持著用心的態度；當你對一再重複的工作內容，能找到快樂與成就感，你的熱忱就能激發出超越心智與體力的巨大能量。記住，全心全意投入的熱忱，才是決定你成敗的關鍵。

祝你永保熱忱

亞都麗緻總裁嚴長壽

第二封信

誰是你的老闆？你自己

記者 李青霖記錄
攝影 李青霖

新人在職場上，要學習如何在組織中定位自己，而且要快速學習。

〉科技業

宣明智（聯電榮譽副董事長）

年　資　一九七五年起

這行迷人處　創新應用，促進世界文明。

這行的壞處　競爭激烈，一刻不得閒。

關鍵能力　IQ加EQ。

有何準備　加入快速變化的戰局，要有全力以赴的心理建設。

諸位科技新手：

卅三年前，我退伍後六天就開始上班。很多人驚訝：找工作這麼快？因爲退伍前半年，我已經開始想：我到底要做什麼？

求職 設計信函寄五百份

當時沒有網路，只能從報紙徵人廣告欄去挑，密密麻麻像大海撈針。多數人用坊間現成的履歷表，但我用A3紙設計了求職信，內容分三部分：首先是自我推薦；第二部分是學經歷、性向、專長、希望的工作和待遇；第三部分是回函。

我印了五百份寄出去，收到超過百封的回函。從裡面挑了五家公司去面試，很快就選定一家小公司上班去。

學習　進小公司看到全貌

我爲什麼選擇小公司？因爲可以看到企業的全貌，學到很多東西。待了三個月，就被台灣半導體業先驅張俊彥挖角到集成電晶體公司，我還到救國團上「電視修護」、「國際貿易」，買高工和高商的書來讀。大學程度的人看高職的書很容易，概念清楚，很好練「武功」。

後來跟朋友集資卅萬元做消費性電子產品，很快就上手，旺季時營業額每月可以到三百萬元。但是後來遇到騙子下大訂單，對方只給訂金，出了兩批貨就找不到人，被倒了兩百七十三萬元。

當時年輕，我們不逃避，選擇一邊還錢、一邊生產，心中盤算：第二年旺季出貨，就可以把錢賺回來！誰知道，八月貨品差不多了，九月卻遇到颱風，大水淹沒工廠。四個人坐在馬路邊討論如何善後。最後抽籤，抽到的人善後，其他人解散。

定位　心態開放不要計較

創業失利了，我去找在工研院電子所當所長的大學導師胡定華。他說電子所缺人。負責應徵的就是曹興誠（現爲聯電榮譽董事長）。同是交大畢業，老曹說「不用考試」，問我有沒有辦法買到示範工廠的備分零件，這對我來說很簡單，打個電話就行。老曹問我希望待遇多少？我說，講了會不會給？他說：不會。「那就不問了。」我說。

在電子所五年，我換過十一間辦公室、九個職位，凡有新任務或出狀況的部門，長官都要我去。我學會很多事情，後來就到聯電。

我發現多數人花很多時間應付考試，卻缺乏就業能力。我常問新進同仁：「誰是你的老闆？」答案是：你自己。一個人表現不好，影響團隊也許百分之廿，卻百分之百影響自己。

新人在職場上，專業能力之外，要學習如何在組織中定位自己，而且要快速學習。如果人家學三年，你要學五年，不久同學當上你的老闆，再一段時間，下屬也成你的老闆了。

年輕人不要斤斤計較老闆給多少，我做多少，要open-minded（心態開放），虛心受教。一個人成不成材，最大的責任是自己。

創業　一定要創新的事業

社會新鮮人求職，要選擇有未來性、有發展潛力的產業。一個職缺幾百人應徵，表示滿街都是替代品；其次，要選擇有制度、有願景、有規模的企業。同時，考慮自己的興趣與能力，是否能樂在其中？別對自己設限，也別老是換工作。「滾石不生苔」的最大意涵，是少了「累積能量的平台」。

有人說，這時代創業愈來愈難，其實不然。知識經濟時代，處處是機會。我認爲，創業一定要是「創新的事業」，「創新」包括：新技術帶來的應用價值、創新組合（例如碳纖維自行車、網路線上卡拉OK「iKala」）、新的商業模式。

想創業，要評估自己的優勢在哪裡？客戶在哪裡？人家爲什麼要用我的產品？還得有成本概念，一廂情願或心存僥倖，都不容易成功。

祝福你

聯電榮譽副董事長宣明智

用心 學生永遠記得你

所謂好的工作態度，
就是能從工作中學習、成長，
找到成就感。

記者 張錦弘、林嘉琪記錄
攝影 林嘉琪

教職人員

彭宗平（元智大學校長）

年　資　23年

這行迷人處　永遠和年輕人在一起，心態常保年輕。

這行的壞處　教育理念可能和升學主義、家長期許衝突。

關鍵能力　要有熱忱、愛心，把教書當志業，而非工作。

有何準備　要隨時讀書、吸收新知，加強專業能力與溝通能力。

各位準教師：

我讀新竹中學二年級時，歷史老師史作檉，也是個哲學家，上到第二節課，就帶全班到後山，聽貝多芬的英雄交響曲，給我很大啓發。他寫過《三月的哲思》等書，至今我還記得他書中的名言：「假如你很久沒有哭泣，就代表你的心靈很久沒洗滌。」

老師 年輕人和你做夥

在大學教書廿三年，我深深覺得，老師這門行業，最迷人處在於你永遠和年輕人在一起；只要你有熱情，肯用心，把老師當成終生志業，而非只是個賺錢的鐵飯碗，學生將一輩子記得你。

不管是否要當老師，我給社會新鮮人四個建議：要有好的工作態度與人際關係、不斷閱讀與學習、多到國外增廣見聞、增強外語能力。

工作　當成生活一部分

所謂好的工作態度，就是能從工作中學習、成長，找到成就感。把工作當成生活的一部分，學習應對進退，對上對下保持良好的人際關係。體現《論語》所說「弟子入則孝，出則弟，謹而信，汎愛眾，而親仁」的精神，為未來的三、四十年職場生活打樁、布局。

教書　因材施教當志業

爲人師者，更應把教書當成「志業」，而非「職業」。要當個教育家，而非只爲賺錢、只會餵學生題目、衝升學率的教書匠。

要有熱情與理想，尤其對資質特別好、特別差、想法特別奇怪或行爲有偏差的特殊學生，要能特別關懷、因材施教。

例如學生對經濟學特別有天分，不想只念教科書，老師要惜才，上課時間讓學生到圖書館讀經濟學著作也沒關係，因爲很可能造就出一個未來的經濟學家。

進修　不斷學習多閱讀

教書雖然要深入淺出，但也要持續進修、追求學問；否則教久了，程度會降到和學生一樣。很多人工作後就不再讀書，其實不管從事哪一行，都要不斷學習。最好的方式就是閱讀，但不是亂讀一通。

台積電董事長張忠謀曾提出讀書三大要領：有計畫、有系統、有紀律地閱讀，最有效率。

即使是當老師，我也建議趁年輕時到國外走一走，不管旅遊、工作或進修，愈早看見台灣以外的世界，會愈早知道，台灣的競爭對象來自全球，不能當井底之蛙。

成長　加強外語國際化

老師也應國際化，要增強外語能力，關心各國的教學方式與教育改革，主動參加各類研討會或發表文章，開發新的教材教法，與時俱進。

最後，我要送一份畢業禮物給所有社會新鮮人，但要先從一則寓言說起：有一位阿拉伯國王在夢中遇見先知，送給他終生受用的七個字，但他夢醒後忘記了，於是廣徵智者求這七字箴言，終於某天有個智者現身，請求國王脫下戒指，刻上箴言後飄然而去，戒環上的七個字是「一切都會過去的」。

受挫 一切都會過去的

「一切都會過去的」，就是我要送給大家的畢業禮物。不管將來走哪一行，要懂得適時放下。面對各種壓力、挫折與痛苦時，只要記得「一切都會過去的」，就會雨過天青，海闊天空。

祝教學相長、樂在其中

元智大學校長彭宗平

第四封信

怕你想得多
卻做不了這麼多

先確定自己的人生觀，
不要做不切實際的期望。

記者 施靜茹記錄
攝影 曾吉松

柯文哲（臺大醫院外科部加護病房主任）

年　　資　22年

這行迷人處　永遠在進步，對很多事情會越來越懂。

這行的壞處　屬於個人的時間比較少。我兒子小時候以為我叫「睡覺」，因為我在家時總是在睡覺！

關鍵能力　要有耐心。醫師和病人的溝通很重要，好的溝通能消弭大部分的醫療糾紛。

有何準備　功課要好，但也應弄清楚自己的志向，比如是否對人關心；如果不是，就不建議當臨床醫師。

親愛的準醫師們：

過去十年，台灣社會呈現兩極化，不僅貧富懸殊、南北懸殊、藍綠對立，從我服務的醫院來看，年輕醫師的價值觀，也有「M型」趨勢：一種是很在乎自己賺了多少錢，另一種是很在乎自己的生活品質，一點兒不想多做。

有人說，醫師是高所得的一群，現在大醫院外科醫師一個月約廿八萬元，內科醫師廿五萬元，小兒科和精神科各約十五萬元。收入是比一般行業高，但現在的住院醫師愈來愈不認眞。

年輕醫師　有M型趨勢

我觀察，年輕住院醫師有兩種人。一種人是勢利、凡事向錢看，受訓、選科都在「算計」：「哪個對我最有利？哪個以後可以賺很多錢？」卅年前成績第一名的，才能選外科；廿年前換成內科、婦產科。現在卻是第一名才能選皮膚科、家醫科！即使選整形外科，也是學整形美容，很少有人要選傷殘重建。

另一種住院醫師，則是凡事不在乎，想要多訓練他們，他們都不要，因爲不想太累！最重要的事是維持自己的生活品質。廿年前，在台大醫院受訓的住院醫師，有七成會留下來；現在受訓一年就跑掉的，大有人在。

救人行業　工作不輕鬆

我們醫界前輩、國泰醫院副董事長陳楷模以前訓練醫師時，常把沒處理好的病歷丟地上，醫師都是小跑步去撿；現在陳楷模卻笑說：「不敢丟病歷了，怕沒有醫師願意撿。」你可以知道現在新醫師的態度和以前很不一樣。

但是，我要說：醫師確實不是輕鬆的行業，因爲這是救人的行業，你得要有使命感。我在台大廿多年，除了出國參加醫學會，沒有休過假；即使回家，也是手機不斷訊，好讓醫院隨時找得到我。可以說，每一秒都在值班。

這一行的實情是：我兒子小時候很少看到我，早上起床看到我時，我大多在睡覺，所以他不知道我叫「爸爸」，以爲我叫「睡覺」。

追求自己的生活品質，無可厚非；但是若把這項放第一，或許，醫師就不是適合你的行業。

前總統女婿趙建銘也曾在台大醫院當醫師，後來被迫離開台大醫院，新聞鬧得沸沸揚揚，他的境遇可讓有心從醫的你們借鏡。

書讀得好　誘惑也不少

趙建銘書讀得好，進醫學院；可惜，後來被社會黑暗面誘惑。在我來看，趙建銘只是個迷失的孩子；問題在於，台大醫院爲什麼會出現趙建銘？

我常跟其他的年輕醫師說，如果廠商平白給你卅萬元，你覺得廠商會希望你做什麼？你若拿人家的卅萬元，問題是後面的代價，你付得起嗎？

現在年輕人價值觀不同，職場流動率高，企業淘汰員工的速度也很快。你選老闆，老闆也選你。我常跟每一屆即將完成訓練的總住院醫師說，醫院一個月給你卅萬元，你能替醫院賺多少錢？職場上是You get what you do。

期待報酬　和付出正比

當然對老闆來說，人才有人才的用法，奴才有奴才的用法。年輕人期望的，和願意做的常有落差，如果你期望獲得的報酬，和你付出的成正比就好；就怕你想得這麼多，卻做不了這麼多。

要有耐心，對人、對事，都是。我常說，絕大多數醫療過失沒有醫療糾紛；絕大多數醫療糾紛沒有醫療過失。意思就是，醫師和病人的溝通很重要，很多怨懟其實是不會發生的。

最後，建議有心行醫的年輕人先確定自己的人生觀，不要做不切實際的期望。

祝你做多少、得多少

台大醫院外科部加護病房主任柯文哲

做個清廉的人 讓子孫走路有風

新人要謙虛學習，
把自己當做吸水的海綿，
不斷吸取同事、主管的經驗。

記者 李順德記錄

攝影 屠惠剛

〉公務員

陳美伶（行政院副秘書長）

年　資　29年

這行迷人處　從最基層公務員一路做起，見證文官體制，也奉獻生命最精華時光，滿心歡喜，無怨無悔。

這行的壞處　生活的需求簡單而有限。官僚體制往往是「官大的為準」，單調而缺乏變化。

關鍵能力　心細、效率、專業、責任。

有何準備　凡事抽絲剝繭，化繁為簡，一分鐘要當兩分鐘用，才有效率。

各位準公僕：

即將進入公務部門的「公僕」，或許是一顆忐忑的心，或許是一股熱情，但都要有「我準備好了」的信心。不必高調地「以天下爲己任」，卻要有迎接挑戰與奉獻國家的預備。

像海綿一樣吸收學習

做爲一個過來人，近卅年的公務生涯正是我生命最精華的時光，一路走來，頗有感觸，也滿心歡喜。我有幾個建議給有心爲國家服務的社會新鮮人。

首先，擔任公職，你得像海綿一樣吸收學習。

剛畢業是專業知識最飽滿的時刻，公務部門是個經驗傳承的大機器，新人要謙虛學習，把自己當做吸水的海綿，不斷吸取同事、主管的經驗。在「做中學」一定可以讓自己進步神速，厚植功力，你學到的都是無形的財富。

進修專業　充實新知

其次，是你必須敬業，隨時充實新知。

專業固然是文官的核心內涵，卻也未必足夠。敬業的新人一定比頂著高學歷、自恃甚高的同仁更能獲得主管的青睞。

公務員一向被認爲是鐵飯碗，因爲只要你循規蹈矩，就不會被免職或撤職，但是消極、被動的態度，絕不是年輕人應有的作爲。有些主管鄉愿的心態更加深這種因循的習氣，比如打考績是輪流甲等，凡是生產、升官一律列乙等，這些都應該破除，才能讓年輕人對公僕這行有榮譽感，對未來有希望。

還有，專業的增長是無止境的。以我自己爲例，大學必修課是傳統法律，包括民刑法及訴訟法，但台灣這廿餘年來法制變遷、社會發展，公法領域一日千里，大學課堂上學的，早已不足以應付了。常聽到很多政治人物自詡是法律人，可是他們所認知的法律還停在大學時代，跟不上社會的改變，實在很可惜。

廉潔自持　有榮譽感

再來，我想談談「使命感與待遇的平衡」。公務員的廉潔是基本要求，原本不待提醒，但過去幾年有許多熟悉的長官、同事，明明昨天才一起開會，他們還發表很多意見，第二天就被檢調單位約談、接著被起訴、判刑，令人覺得沉重。

記得我在法務部服務時，曾有一位部長與同仁座談，同仁爭取額外津貼。不料部長答覆說，如果嫌待遇少，就去考司法官或當律師，薪水自然增加。我很驚訝，年輕的我多麼期待部長告訴我工作的價値何在、作爲公僕的榮譽感，而不是鼓勵我去考試、跳槽追求高薪，不是要我「坐這山看那山高」！

公務員要讓人尊敬，當然要先看重自己，待遇好壞絕不是貪汙的藉口。做個清廉的人，讓子孫走路有風，不是很好嗎？

心細如絲　化繁為簡

至於工作的方法，我也有些心得：你必須能夠「心細如絲、抽絲剝繭、化繁爲簡」。你得一分鐘要當兩分鐘用，才有競爭力，才有效率。但光有效率，欠缺效能是不被允許的。你得找對方法，細心、有效地解決問題。

像馬總統的當選證書，我曾投書指出它的行文忽直忽橫，顯示部分文官的不用心，對品質的要求不夠，當然就做不出好成績。

政府是爲了「最大的顧客」——人民——而服務，永遠有檢討的機會，永遠有成長的空間。民眾的需求一直在變，你必須跟著提升，才能滿足民眾對政府的期待。

堅持專業　展現自信

文官有時會被稱爲「技術官僚」，我認爲這個名詞是中性的，肯定公務員有專業做後盾。所以在混亂的政治環境中，文官應有勇氣適時展現權威與自信，提供建設性的專業意見，才會得到信賴。

攀附權貴，或許可以得到一時的榮寵，但如果沒有專業實力作爲基礎，在人事更迭時，就容易因爲攀附的勢力失勢而失去一切。

祝珍惜機會

行政院副秘書長陳美伶

第六封信

領薪水還能交朋友 你賺到了

你要早一步知道自己要什麼，
找出自己的優勢，修正劣勢。

記者 孫中英記錄
攝影 徐兆玄

羅聯福（中國信託商銀董事長）

年　資　33年

這行迷人處　競爭。讓你熱血沸騰，也能創造客戶最大價值，並超越自我。

這行的壞處　要花很多時間在工作上，沒時間多陪家人。

關鍵能力　英語之外，最好有第二外國語專長，還有金融專業。

有何準備　在校多參加企業活動，讓企業看到你的企圖心。要多參加社團活動，才能比別人早知道自己要什麼。

各位業務員：

卅三年前我進入中國信託，第一個工作就是去「求人」，請別人來我的信託公司存款。

記得口試時，主考官問我「會不會騎摩托車？可不可以做外勤？」我為了被錄取都說「會」。

後來，我們公司的業務員組成一支偉士牌機車隊，騎遍大街小巷，這段拉存款的業務員生涯足足五年。當年大多數的企業不會防堵行銷人員進入，因此我每次進一家公司，可以很輕易的直接走到最後面一排，因為我認為坐在最後頭的工作者，不是老闆就是主管。

擺脫挫折感　再接再厲

有回我一路衝到某家公司的最後排座位，向一個主管遞上名片，說明來意是要拉存款。他似乎不太歡迎推銷人員，冷冷看著我，始終不伸手來接我的名片，背後所有員工釘著我竊竊私語，我耳根開始發熱，人就僵在那裡，下不了台。

對社會新鮮人來說，一開始就做業務的挫折感的確很大，每次受到這種冷落，我也常問自己「幹嘛要吃這行飯？」但也許天生不認輸，每次到最後還是勉勵自己再拚一場。

現在銀行存款淹腳目，但當年可是競爭激烈，存款更是信託公司的血液。我努力找公司名單，從公司行號、學校、甚至輪船公司都去跑。我發現，行銷沒有「運氣」這回事，只有每天要求自己多接觸客戶，只有多勤跑，每天多跑一家，三百個工作天我就比別人多三百個機會。

行銷靠勤快　不靠運氣

有人說，行銷要會講話、會喝酒應酬，但這些我都不會，我也認爲沒有必要；做業務重要的是「勤快」。

我們業務員每天要寫「推廣日誌」，記錄自己一天拜訪了多少新客戶、是否需要公司協助。我每天在外頭跑到下午四、五點，回公司寫日誌。有次進辦公室沒多久，當時的科長跟我說：「走！我帶你再去找幾個客戶。」一開始我覺得奇怪，怎麼下午五點多了，還要去看客戶？後來才了解，原來科長是在「暗示」我太早回辦公室，那時候主管會用「身教」親自示範，讓我學到很多。

擺攤拉人　我們發明的

也許拉存款業務表現不錯，我後來升成推廣科長，還拉過汽車貸款、信用卡。在汽車前窗夾貸款廣告紙，就是我們那個年代的發明。當年影印機缺乏，我曾自己畫汽車貸款廣告，再找工讀生大街小巷去找車子塞廣告。擺攤位拉人辦信用卡，也是中國信託的原創，影響信用卡生態深遠。

對社會新鮮人來說，如果要做業務員，我的建議是，要懂得調適心態，並迎接挑戰。

我在大學時練過齊眉棍，教練教我們，棒子打過來、眼看躲不掉時，不但不能退縮，「還要迎上去」，因爲退回來，後面那一棒力道更大、打得更痛；但迎上去接招，雖然也要挨一棍，「但問題已經解決一半」。

調整心態　處處是歷練

調整心態是爲了充分接受來自工作的挑戰，這些人情冷暖的經驗，可能都讓你「賺到了」。想想，公司要付你薪水，還讓你每天都能在外面交到新朋友，這樣的歷練去哪裡找？

工作的每段時間都有難關和機會，這樣才能一直進步。關鍵在於：你要早一步知道自己要什麼，找出自己的優勢，修正劣勢。

祝了解你自己

中國信託商銀董事長羅聯福

讀通經典 就像打通任督二脈

求學、工作中的成果，要靠很多好老師、好朋友、好長官、好同事的鼓勵和幫助。

撰稿 宋耀明

攝影 胡聖堤

宋耀明（理律法律事務所資深律師）

年資 12年

這行迷人處 每個案子都是故事。

這行的壞處 看到人性的憂傷煩惱。

關鍵能力 邏輯思考清楚。

有何準備 加強英文、訓練邏輯能力。

親愛的法律人：

廿六年前我走出大學校門，對未來徬徨不已。當年律師考試全國錄取人數只有六名，我擔心不知哪天才能自力更生，心裡油然泛起對父母的歉疚。

廿六年倏忽而過，自覺得求學、工作都還算順利，也許可以講講自己的經驗給學弟妹參考。

我的第一個經驗談是：讀書要有計畫。我在大學時代不是個用功的學生，所以大學畢業那年深受「只有六個人律師考試及格」的刺激，發現一定要有不一樣的讀書方法，才有可能在眾多用功的同儕中脫穎而出。

讀書要有計畫

當時聽台灣大學的王澤鑑老師說，他的民法基礎完全來自於王伯琦教授薄薄的教科書，我也想試試看。經過一陣子實驗，發現法律系學生花很多時間飽讀眾家學說，結果是愈讀愈昏，概念愈不清楚。所以，我就從一本經典的教科書著手，從頭到尾細讀，等到完全理解整本書作者所說的每一句話，果眞發現自己的功力厚實許多。

這時候再去涉獵其他各家學說，發現好像已經變成打通任督二脈的學武者，過去靠背誦才能理解的抽象理論，突然間都理解了。這種把基礎打好的讀書方式，對未來有無限幫助。連當年在美國考紐約州律師，能夠在短短兩個月裡準備所有考試科目，過去打下的基礎幫助很大。

下苦功練英文

第二個影響個人求學、工作的關鍵，是英文。我對英文一直抱有強烈的興趣，我說「興趣」，是因爲我從來沒有眞正對英文苦讀過。

單憑著興趣，經常聽英文歌、看美國電影、認識美國朋友、常常查字典，累積自己的英文實力，等到機會到了，取得公費到哥倫比亞大學法學院念碩士；回國後又幸運地參與台灣加入世界貿易組織的談判，當了律師後還有機會參加重要的涉外法律事務。英文能力好，就能開拓自己眼界和執業空間。

對學語文這件事，我一直強調「不必苦修、苦讀」。我從高中時代就知道很多同學拚命背字典、背文法，但很少看到這其中有人英文讀得好的。現在經常有機會面試新進律師，發現這些高中時代英文能拿滿分而進入一等學府的年輕人，竟因爲喪失興趣，在大學四年就把苦讀的英文忘光光！

如果你的英文不夠好，現在開始產生興趣還不遲；如果能夠維持一到兩年的興趣，用各種生動的方式學習，你會發現英文進步很多。

感謝良師益友

毋庸諱言的，求學、工作中的種種成果，要靠很多好老師、好朋友、好長官、好同事的鼓勵和幫助。在學校避之唯恐不及的老師，經常在我申請學校、申請工作時毫不猶豫地伸出援手。大學時代一起讀書玩樂的夥伴，後來也都當了法官、律師；一起工作的同事，經常不自私地把重要的工作交給我，而沒有任何嫉妒。顯然地，良師益友是影響一生最重要的因素。

當我寫到這裡時，一張張這些「貴人」的臉和名字閃過我的眼前，我心裡有無限的感恩。希望我能更好、更強，也能當別人的貴人。

也祝你能當自己的貴人

理律法律事務所資深律師宋耀明
於奧克拉荷馬州出庭前夕

眾人並肩努力 改變就有可能

記者 何定照記錄

攝影 林俊良

困難永遠都在，
重要的是勇於接受挑戰、不逃跑。

〉公益事業

紀惠容（勵馨基金會執行長）

年　資　15年

這行迷人處　看見個案的生命改變。

這行的壞處　隨時都得在挫折中保持正向力量，比較辛苦。

關鍵能力　團隊工作、挫折容忍度、負責任、熱情。

有何準備　多讀社會學，不要只懂社工。

親愛的社工新鮮人：

回想從青春走至今，我其實一直受聖經的話影響：「教別人因你而得福。」

我以前念師專，也當了五年音樂老師，原本以為「教育是百年樹人的事業」，卻發現在當時僵硬的教育系統下，很難「實踐教育理念」，於是辭職去念師大社教系新聞組，我以為媒體更有影響力。

但是當了七年社運記者後，我認清記者往往重在拆毀、卻鮮少建設的本質。我想，該怎麼實踐我的信仰呢？就在赴美念音樂教育碩士後，勵馨基金會找上了我。

華西街慢跑　社運發聲

接下這份工作，想法之一是做個實驗：透過媒體讓社運發聲，於是策畫了「華西街慢跑反雛妓」活動，召集一萬五千名民眾上街。我還記得，一位資深社工興奮地告訴我：「我以前常有無力感，但當我和眾人並肩前行，突然覺得社工很有力量！」確實，這就是與群體一起改變結構的魅力。

入行以來，我看過不少社工只做個案，不做團體、社區、倡議（制訂法令政策等），我覺得非常可惜。當你只看個案、不看社會結構，問題永遠無法解決！

以檳榔西施來說，許多人只罵她們穿太少，卻不想想是因爲社會從未拿出少女就業政策，才使少女用身體當附加價值，好完成求學、創業的夢想。

培養觀察力 讀書充實

社工新鮮人一定要培養對社會的觀察能力。我自己從學生時代便廣泛讀馬克思．韋伯等人的社會學書籍，並參加讀書會。這讓我學會分析社會與權力關係，現在也才能觀察政黨輪替與社會福利的變化，與政黨保持距離。

培養鉅視能力對社工的另一個好處是：不會因爲只關注個人，陪著一起陷入泥沼，然後覺得無力。當你發現自己是和一群人一起努力，一步步地改變結構，會很有成就感。

不過，這只是社工的第一步。社工要走得長久，一定得具備熱情與對人的興趣，否則做不下去。奇妙的是，讓你走下去的力量，往往來自你幫助的人；當你看到他們傷得那麼重，卻仍勇敢求生存，從社會的負資產變成正資產，會是你成就感的來源。

有問題就問　鍥而不捨

社工也得具備團體工作、挫折忍受度高、負責任等能力。現在的年輕人比較追求自我成就，不像過去的社工比較追求犧牲奉獻。不過我覺得追求自我成就其實沒什麼不好，怕的是眼高手低。我確實曾有感慨：現在的社工怎麼那麼多草莓族？

我也想鼓勵年輕人，有問題一定要問。現在有很多年輕人太ㄍㄧㄥ，不敢問，結果不但沒學到東西，還會被主管罵。其實你如果眞正有自信，就不會怕問問題；困難永遠都在，重要的是勇於接受挑戰、不逃跑。我一直相信，只要鍥而不捨，就能解決問題。

現在做社工，其實比以前更困難。在全球化時代，邊陲國家更受第一世界國家牽制，糧食、貧窮問題盤根錯節，現代的社工必須具備更大的能量、智慧來關心政策。這確實不容易；但是只要你保持正向，未來就充滿可能。

祝充滿自信

勵馨基金會執行長紀惠容

視野在哪　領導潛力就在哪

如果你太狹隘，
只會不停地挫折並喪失機會。

記者　朱婉寧整理
攝影　侯世駿

管國霖（花旗銀行消費金融台灣區總經理）

年資 15年

這行迷人處 能與一群素質很好的人一起共事。

這行的壞處 工時長、繁瑣、很多事需要親力親為，不如大家想的光鮮。

關鍵能力 有足夠彈性及包容力、不要計較得失。

有何準備 面試時展現足夠的企圖心。加強自己的聽、說能力，足以說服別人。有好的組織能力。

各位金融業的新夥伴：

我一畢業就進入花旗了，一開始應徵的是儲備幹部（MA）。我覺得面試最重要的，是讓主管看見你的企圖心及組織力。

當時面試的時候，我抽到最後一號。我想，評審都很累了，我要怎麼把事情變得有趣？一進去後，我就讓自己說的時間比評審多，讓主管看到我的企圖心。

辦活動　展現企圖心

我在面試時講的內容，是我在美國南加大所辦的活動。其實很多人都在學生時代辦過活動，你辦活動跟別人有什麼不同？我說，之前同學會會長都辦郊遊烤肉，讓大家聯絡感情，我也可以辦一樣的活動；但我選擇不要。

我爲自己立下了挑戰——我要做一個跨校的大活動，我要做讓外國學生認識台灣的活動。

我去找了許多台灣公司在美國的分部，聚集資源辦了轟轟烈烈的大活動，包括影展、美食展、音樂會，介紹台灣文化。

在面試中，我不只講我辦的活動而已，我展現的是我的管理領導能力、組織力、企圖心、聚集資源的能力，更重要的還讓主考官看到我看事情的視野。

別設限　捲起袖子做

這也正是我現在面試新人要看的東西。我覺得所有人畢業時學術基礎都差不多，重點是我要從你的描述裡，看到你架構自己的方式、從你的學校經驗看到你的視野在哪裡、看到你領導管理的潛能，因爲「態度決定了高度」。

金融這一行已不再是金飯碗，工時不比別人短，大部分的工作都要自己捲起袖子來做。所以我覺得入這行最關鍵的能力是flexibility（彈性及包容力）。我們不要自我設限，你也不能太會算計得失，我們要的是有使命感的人。

如果你是MBA畢業，會覺得自己應該做決策性的工作；但事實上，一進來這行，碰到的恐怕都是最低階、初級的工作。這時候不要怕，要包容工作的繁瑣，盡可能地接觸，把它當成「蹲馬步」練基本功；如果你太狹隘，只會不停地挫折並喪失機會。

耐心創新　長期經營

當儲備幹部會不停地換部門。很多人抱著「每個部門只要待卅天就結束了」的想法，但我認爲我們在歷練時，不是只有吸收，應該要去蕪存菁，簡化出更好的方案。

例如，我剛進公司的時候待過「支票交換部」，工作非常制式，我設計了更簡潔的流程，獲得上司讚賞。只有不設限，願意去接觸一切的人，才能夠創新事物，爲公司帶來更好的成長。

我覺得年輕人可以培養聽、說、讀、寫的能力，聽及讀比較沒問題，說和寫卻是很多年輕人缺乏的。寫作是培養自己邏輯架構最好的方式，也訓練自己看問題的方法。

說的能力，就更重要了，在現代只會做事是不夠的，還要會包裝，要能說服別人，這些都要訓練。我都跟我朋友說，你們以前在玩的時候，我都在葡萄架下練演講呢。

金融業是傳統的服務業，最重要的是培養「人」的資產及建立長期關係，不論是與客戶的信賴感、或是金融知識的累積，時間都是最重要的。要有耐性、長期經營，但也要能創新、解決問題。

祝福你

花旗銀行消費金融台灣區總經理管國霖

「一技在身」輸「一藝在身」

學校固然可教會你技術與管理能力，
但品味與特色卻是要從生活裡學來的。

撰稿 徐莉玲
攝影 邱勝旺

〉文化創意

徐莉玲（學學文化創意基金會董事長）

年　　資　近40年

這行迷人處　天天可看到有夢、有理想的天使。

這行的壞處　台灣社會還看不到這產業的重要。

關鍵能力　豐富的五感體驗。

有何準備　開始學習生活吧！

各位創意社群的新成員：

台灣正面臨轉型的關鍵時刻，在一路追逐科技的創新致富之後，我們的生活或職場選擇要探索的是，未來的趨勢會有更多的科技，還是會有更多的自然？還是繼續在全球分工裡以ODM（為客戶設計、代工生產）的「國際寄居蟹」為選項？或是可以化繭為蝶，成為可以與自然共舞的台灣蝴蝶？

面對這些問題，父母的經驗，師長的教導，可能都不是你們未來可以繼續成功的保證。

文化創意時代　真的來了

這幾年，我憂心台灣的競爭力，所以重新出來工作。帶著一屋子卅幾歲、對土地深愛，對社會有使命感的年輕人，開發文化創意產業界的師資，而且這個名單在每天創意的活動、趣味的課程後不斷增加，在平台上產生許多跨界合作。文化創意的時代終於來臨了。

這一週，「學學（學學文創志業）」支持的「都市酵母」活動，是第二屆台灣設計師週的展場之一。水越設計的周育如集結了三百多位跨界的年輕設計師，共同探討都市人陽台的生活。在全球能源短缺，一片節能減碳的呼籲裡，看到年輕人自發性地關懷台灣的常民生活，從設計師的角度提出接近大自然的新生活型態，希望藉此提倡都市新觀念，將陽台作爲家的延伸，連結內外空間的溝通載體，提供人們互動、休憩、舒展的空間。

創意像酵母菌　躍動台灣

由活動中，我看到了創意發揮了「酵母菌」的力量，台灣必定能發酵成一個香噴噴的麵包。

我在學學見證到年輕學子的困惑——最讓我印象深刻的，是一位大學電機系畢業的大男孩，我好奇地問他爲何來學學上課？他說，他這一輩子念書是爲了父母的期望；選擇電機系，他懷恨讀完，如今好不容易畢業了，他要求父母給他半年，不去找工作，完全自由，上各式各樣文化創意的課程，找一找他眞正有興趣的東西。

我當時的心情是激動的。這名大男孩的父母可能不知道台灣未來等待的人才，已不再是代工產業的大軍；許多中小企業已由大陸關廠回台，他們找尋的人才是可以了解未來消費需求、協助企業打造品牌的創意人。

各種美學知識　都要涉獵

學校固然可教會你技術與管理能力，但品味與特色卻是要從生活裡學來的；如果你沒有生活體驗，未來如何創造商品或服務，贏得消費者的心？

你需要的是全方位美學知識：從視覺藝術、音樂、表演、文化展覽、工藝、電影、電視、廣播、出版、廣告、建築、設計、時尚品牌、會展、賽事、數位娛樂到創意生活等等。你樣樣都要涉獵，你才懂得找風格、特色、品味相同的人合作，跨界整合。

若想坐等訂單　就很悲哀

當世界的趨勢已經是「別人以你的美感評鑑你的能力」的時刻，「一技在身」就要輸給「一藝在身」的人了。如果你還想坐等國外的客戶來下單，想參加大老闆變裝秀的包場大尾牙，我只能說，眞是悲哀！

我在文化創意產業界該有四十年了，你問我這一行的迷人之處，我會說：是天天可以看到眼睛發光、心地善良、有夢、有理想的天使；但這一行的困擾，也是天天可以碰到從制式教育監牢裡放出來的囚犯。他們手裡銬著鐵鍊，擋在你面前，抵死不讓你通過！但春天來了，誰也擋不住滿園花開，蟲鳴鳥叫吧！

歡迎你加入成爲台灣創意社群的一分子。

學學文化創意基金會董事長徐莉玲

給社會新鮮人的10封信

2008年7月初版　　定價：新臺幣180元
2012年7月初版第八刷
2017年6月二版
有著作權・翻印必究
Printed in Taiwan.

著　者　嚴長壽等
企　劃　聯合報編輯部
總編輯　胡金倫
總經理　羅國俊
發行人　林載爵

出版者　聯經出版事業股份有限公司
地　址　台北市基隆路一段180號4樓
台北聯經書房　台北市新生南路三段94號
電話　(02)23620308
台中分公司　台中市北區崇德路一段198號
暨門市電話　(04)22312023
郵政劃撥帳戶第0100559-3號
郵撥電話　(02)23620308
印刷者　世和印製企業有限公司
總經銷　聯合發行股份有限公司
發行所　新北市新店區寶橋路235巷6弄6號2F
電話　(02)29178022

叢書主編　黃惠鈴
校　對　呂淑美
封面設計　翁國鈞

行政院新聞局出版事業登記證局版臺業字第0130號

本書如有缺頁，破損，倒裝請寄回台北聯經書房更換。
ISBN 978-957-08-4965-3 (精裝)
聯經網址 http://www.linkingbooks.com.tw
電子信箱 e-mail:linking@udngroup.com

國家圖書館出版品預行編目資料

給社會新鮮人的10封信/嚴長壽等著．
聯合報編輯部企劃．二版．臺北市．聯經．
2017.06，88面；13×19公分．
ISBN 978-957-08-4965-3（精裝）
[2017年6月二版]

1.職場成功法

494.35 106009187